為？什麼

BBC 專家為你解答
生活中的科學

CONTENTS

我有什麼問題？

牠有什麼問題？

這個有什麼問題？

專家坐鎮，
解開你滿腹的疑問

Alex Franklin-Cheung
環境與氣候專家

Dean Burnett
神經科學家

Emma Byrne
人工智慧和育兒專家

Emma Davies
健康專家、科學作家

Kaeli Swift
鳥類專家

Luis Villazon
科學與科技作家

Peter Bentley
電腦科學家

Amy Fleming
自由撰稿作家

Christian Jarrett
神經科學家、心理學家

Claire Asher
科學記者

Hayley Bennett
科學作家

Helen Pilcher
生物學家、科學作家

Helen Scales
海洋生物學家

Steve Brusatte
古生物學家

Alice Gregory 心理學家、睡眠專家

Nish Manek 全科實習醫師、保健作家

Kimberley Bond 科學和心理學作家

不吃香菜是遺傳嗎？

根據監控同卵雙胞胎的研究，以及個人基因組公司的基因資料訪查，我們得知有影響味覺、嗅覺，甚至大腦獎勵中心的基因。我們之所以有可能會覺得香菜吃起來像肥皂，就是因為遺傳到變異的氣味受器基因 OR6AS。

基因也會影響到你是否能夠嚐出苦味化合物「苯硫脲」（phenylthiocarbamide）。大約有 30% 的歐洲人帶有變異味覺受器基因 TAS2R38，這會讓他們對於這種高麗菜味產生「味盲」。就連大腦對於培根產生反應的獎勵中心，也可能是 DNA 所致。若你對培根的肉味上癮，要怪就怪 CNTN5 的變異基因吧。

不過人們對食物的偏好並不只是基因所致。胎兒在子宮裡就會「呼吸」羊水，新生兒因此會偏好母親在懷孕期間吃很多的化合物味道與氣味。

即使我們因為遺傳的關係，天生就會對苦味化合物起疑（它們通常對人類有毒），但大多數人一旦發現了咖啡、巧克力，或是酒類這些帶苦味的東西，其實具有一些附加好處，人們就還是能夠學會容忍，甚至是愛上它們。因此你的基因縱然影響不小，但它們仍無法解釋全貌。

大頭比較聰明嗎？

電影《麥克邁：超能壞蛋》（*Megamind*）裡的天才麥克邁有著一顆碩大無比的頭。

頭大的人確實腦容量較大，多數人也認為這是智商更高的象徵。許多迷思其實多少會有幾分真實性，以人類來說，大腦大小和根據智商測驗得出的智力的確存在關聯性，但僅有低度相關（關聯度據估僅有 0.3 至 0.4，而 1 為完美關聯）。

當然，關聯性並不等於因果關係，我們必須審慎詮釋此一關聯。首先，這個低度關聯性是基於許多受試者的平均值，而頭或腦的大小並無法預測特定個體的智力高低。別忘了，就連愛因斯坦的大腦尺寸也未有超乎常人之處，其大小甚至可能屬於較小的範疇。

此外，不少動物的大腦也比人類還大，但智慧未必可與人類比擬，例如大象和鯨魚的大腦就比人類要大上約六倍。不過將視角切換至另一個極端，很多動物雖然大腦極小，卻能成就智慧壯舉，譬如熊蜂可以記住方圓數平方公里內眾多花朵的位置。

不過大多數專家都同意，若要預測智力，神經元的效率（指神經元交換資訊的速度與可靠性）和大腦中重要區塊的連結程度，會是比腦容量更有力的因素。

玩耍和扮家家酒有多重要？

我們是在玩耍中學會如何當個人類。我們在全球的小孩身上，都觀察到他們看見父母親做什麼，就會有樣學樣照著玩。

2011 年的一項研究中，亞汀・鞏庫教授（Artin Göncü）跟蘇珊娜・加斯金斯教授（Suzanne Gaskins）觀察世界各地的四歲孩童玩耍的情況，發現墨西哥猶加敦的小孩會假裝做玉米餅，歐洲的都市小孩則會假裝去辦公室。鞏庫與加斯金斯根據觀察，主張玩耍是一種社會實習，讓小孩了解他們在世上扮演的角色，並且為此做好準備。

此外，小孩若是被允許帶著玩心，就能學得更好。英國南威爾斯大學的凱倫・麥克因納斯博士（Karen McInnes）及同事在2009 年的研究中讓小孩玩拼圖，其中半數被要求坐在桌邊，專注在拼圖工作上；另一半則允許他們坐在地上，並且鼓勵他們玩拼圖，而不是叫他們做東做西。雖然坐在地上的那一組小孩看似比較不專心，但是比起「鑽研」拼圖的那一組，他們完成拼圖的速度快得多。

玩耍看似愚蠢、混亂又沒有意義，但那正是我們與生俱來的學習方式。

怎麼知道自己有沒有四色視覺？

四色視覺（tetrachromacy）是一種罕見的色覺，這類人看得見別人看不見的顏色。

大多數人屬於三色視覺（trichromacy），意即他們的色覺取決於三種視錐細胞，依照觸發這些細胞發生反應之不同波長的光來命名，通常稱為藍視錐、綠視錐和紅視錐。相較來說，四色視覺者擁有第四種視錐細胞，此視錐對可見光中的黃－綠區域最為敏感。

三色視覺者約可區別一百萬種不同的顏色，但四色視覺者據估可以看見一億種顏色。咸認只有女性可能是四色視覺者，這是因為視錐細胞的基因位於 X 染色體上，而女性有兩條 X 染色體，一條可攜帶正常基因，另一條則攜帶異常基因，如此一來即可同時擁有四種視錐細胞。

如果有一名女性的兒子（或父親）具有輕度色覺異常（如輕度色盲），她便可能攜有這種基因。我們可以有信心地預測，如果兒子（或父親）的色覺異常越輕微，母親（或女兒）就越可能看得到更多不同的顏色。

網路上雖然有各種檢測方式，但目前尚無可靠檢測能判斷我們是不是四色視覺者，唯一確定的方式僅有基因檢測。

我的肚臍怎麼聞起來像垃圾場？

你的肚臍有屬於一個它自己微小而繁盛的生態系。根據一項大型分析指出，那裡頭可能有上百種細菌（雖然平均值是大約 60 種）。怎麼會這麼多種呢？唔，你若稍微想一下，就會發現肚臍是個讓細菌流連忘返的好地方，那兒有舒適的皮膚層層交疊，又沒有多少空氣會把它們吹走，而我們又並非總是會定期清潔肚臍內部，所以它們往往在裡頭安居樂業。

這些細菌的數量大多時候都很低，不過它們若有機會繁殖，就有可能失控。倘若你的肚臍向內凹，或有穿肚臍洞，這就更有可能會發生（它們是窩藏某些不速之客的絕佳凹槽）。就是這種細菌的多樣性，加上肚臍會聚集的汗水、汗垢跟絨毛，讓你的肚臍帶著一點氣味。不過別擔心，這很好解決，在平常沖澡時用肥皂迅速清理一下，通常就能把任何臭味給清除掉。不過可別用保溼霜，太過積極的清潔與過度溼潤，也可能會促進細菌增長。

下回你望著自己的肚臍時，可以想像一下裡頭有各式各樣的小生物在大快朵頤，然後花點時間讓它們打包閃人吧！

喜歡看擠痘和洗牙的影片
是有什麼毛病嗎？

網路上諸如此類的影片還挺受歡迎，所以你一點也不孤單。不過，大多數人覺得噁心的影片，你跟其他那麼多人卻看得津津有味，確實是有點怪怪的。人類經過演化，會避免令人感到噁心的事物，這是一種自然的防衛機制，保護我們免於受到感染跟汙染。那麼這到底是怎麼了？

心理學家指出，你有可能是在展現一種病態的好奇心，對噁心事物感到有興趣，藉此學習如何避開它們。更明確地說，擠痘跟洗牙影片的吸引力被認為跟恐怖影片類似，基本上你是在保持安全距離的同時，練習體驗一股強烈的情緒（體驗的並非恐懼，而是噁心感）。奧地利格拉茨大學的研究者近期所做之研究支持這樣的解讀，他們掃描了觀看擠痘影片的受測者大腦，發現這類影片的粉絲相較於不是粉絲的人，其大腦前額活動較多，與愉悅相關的大腦區域則較無活化，也比較不會感到噁心。

此外，熱衷於擠痘痘的人雖然聲稱自己跟其他人一樣會覺得噁心，但他們也說自己比較能夠控制噁心反應。因此對於你跟你的同類來說，這些影片似乎是提供你們一個很棒的機會，來鍛鍊出一套傑出的調節噁心技巧。

為什麼得第二名的心情
比得第三名還糟？

1990 年代中期有項研究，根據運動員在 1992 年巴塞隆納奧運展現出來的情緒分析，發現銅牌得主比銀牌得主展現出更多較正面的情緒。金牌得主則是最開心的。

最普遍的解釋認為，銀牌得主產生了某種特殊形式的「反事實思維」，也就是他們對於若自己再努力一點，也許就不會錯過的事物感到懊悔。相對地，那些得到第三名的選手比下有餘，對於自己畢竟有贏得一塊獎牌而感到欣慰。

後來在 2012 年倫敦奧運進行的研究，似乎也支持這個解讀，金牌跟銅牌得主的表現越好，看起來就越開心，但是得到銀牌的選手卻不是這樣，也許是因為他們表現得越好，沒能獲勝的懊悔就越大。

再來還有一項針對 2016 年里約奧運運動員所做的研究，發現銀牌與銅牌得主展現的快樂程度，差異其實微乎其微；不過對他們賽後的訪談再進行分析，可以證實得第二名的感覺真的很差──銀牌得主談到事情原本可能會如何的情況，比銅牌得主多得多。

老是走進房間就忘了要幹嘛？

別擔心，你絕不是唯一一個有這種經驗的人。

美國印第安納州聖母大學的心理學家從 2006 年開始，研究稱為「門口效應」（doorway effect）的現象。他們透過虛擬實境的設定指出，受測者一旦穿過門口進入另一個房間，對於房間裡東西的記憶就會消退。

研究者如此解釋：首先，我們的記憶區分為好幾個章節；再者，要想起較早章節的資訊比較困難；最重要的是，當我們穿過門口時，就會產生新的篇章或「事件邊際」（event boundary），讓人更難回想起儲存在先前記憶篇章裡的目的。這些結果意味著門口對於大腦具有某種幾乎可說是魔法的效果。

澳洲昆士蘭大學的研究則發現，穿過連接兩個幾乎一模一樣房間的門口，對於記憶多半沒什麼影響，也許是因為情境變化並不足以製造出顯著的事件邊際。只有在讓受測者分神時，兩個一模一樣房間的門口才會影響到記憶。並且，在情境明顯發生改變，比方說離開客廳進入花圃時，比較容易產生門口效應。

這些研究結果同時也點出解方：當你身負任務穿過門口時，試著把心思專注在目的上。或者，在手背上黏張字條。

為什麼會覺得無聊？

無聊就像是惱人的發癢，會在你想要做些有別於眼下正在做的事情時發作起來。有時候是身不由己，比方說陷在重複的工作中，或是禮貌性地聆聽鄰居的滔滔不絕。有時候你可以隨心所欲，你也知道你想做些別的事，但就是不知道要做什麼事。請注意，這些情境都有別於你啥都不想做的無動於衷狀態。

無聊令人不舒服。就演化上來說，無聊的適應性功能似乎是促使我們對環境做出改變，去做些對個人來說比較有意義的事。相關研究指出，無聊可促進創造力，可能是因為它刺激我們反思，試著找出意義。

有些人似乎比其他人更容易感到無聊。心理學家把這視為人格特質的一種，並利用問卷來衡量人們的「無聊傾向」。得分高的人比較會覺得時間過得很慢，很難找到娛樂自己的方式等。不幸的是，這種慢性無聊症頭會提升罹患憂鬱症與成癮的風險，他們往往會跑去喝酒、嗑藥、濫用 3C 數位裝置，以消解不適與不安，然而這類策略只能提供暫時性的表面紓解。要真正克服無聊，祕訣在於找到對於個人而言有意義的追尋，這能夠提供恰到好處的挑戰性與新奇感。

我是個客服，為何隨時保持禮貌那麼累啊？

在工作時，儘管心裡不情願仍然保持禮貌，就跟生活中那些需要你努力隱藏真實感覺的任何情況一樣。有可能是你家那口子費了好幾個小時，為你做出來一頓噁心大餐，你還得假裝感激涕零；或是某位阿姨送你一雙你一點也不想要的襪子，還得在臉上掛出大大的笑容。就像你說的，那真是有夠累人，尤其是當你的工作需要你整天都這樣做的時候。心理學家把這種在工作場合的陪笑情境稱為「情緒勞動」，這涉及隱藏真實感受的「淺層表演」，或是改變潛藏實際感受的「深層表演」。

深層表演可以藉由許多方式達成，比方說重新評估情境便是一例，你只要假想自己處在惱火顧客的立場，就可以真正地對他們的處境感同身受。由於這兩種情緒勞動的形式，都需要付出努力進行情緒調節，因此確實滿累人的。不過有些證據顯示，運用深層表演對於員工與顧客來說都比較好，可能是因為那比較有說服力，並且由於顧客感到滿意時，會給予員工一個微笑或一筆小費的獎勵，因此也會形成一個良性循環。

我必須樂在工作嗎？

許多人都說，越是快樂就讓你越有生產力。研究也發現快樂的員工其生產力大約提高了 12%，所以 100 個開心的員工將會有 112 人的生產力，而且不須負擔多餘成本！因此有這麼多的組織致力於讓員工開心，也就不奇怪了。

然而，亦有研究顯示，持續感到快樂的員工可能在逆境時更快支離破碎，也更容易燃燒殆盡（持續保持快樂讓人疲累），而且他們也可能更自私。不過，研究也已證明恐懼、憤怒、壓力與嫉妒在許多情況中對生產力有所幫助。

常帶來反效果的做法還包括要求人們保持快樂，不管目的是增進生產力，或是被要求「笑臉迎人」等。研究顯示，如果人們認為自己應該要感到開心，那麼反而更難真正感到開心。就像是興趣變成了工作，無法再讓你享受其中。這常常被歸類為「有害的正向心理」議題，此種想法堅持人們理當無時無刻感到快樂，而且全部都是當事人的責任（因為我們應該要能夠選擇自己的情緒狀態）。這很快就會造成完全的反效果。即使保持開心讓你有更高的生產力，強迫自己開心卻容易適得其反。

坐在窗邊有助於
提高工作效率嗎？

是 的。美國康乃爾大學在 2018 年的研究發現，來自窗外的自然光可以減少眼睛過勞、頭痛與昏沉感。英國倫敦大學學院巴特雷建築學院在 2021 年則發現，在開放式辦公室上班的人坐在靠窗邊的位置時最有生產力。

然而，這還要看辦公室的布局而定。面對窗戶，身後又有一堆辦公桌的人，他們的生產力就比較低，可能心裡老是擔心同事會在背後道人長短吧！

FIND OUT MORE

開放式辦公室

巴特雷建築學院的研究也顯示，視野裡有大量辦公桌的辦公室職員中，喜歡自己工作場所的人比例較低。研究團隊表示，這可能是因為令人分心的事物變多。

每個人的一天都是 24 小時嗎？

許多對於增進生產力的建議都說，最成功的人士跟其他人一樣，一天過 24 小時。言下之意是指，身為一個不那麼成功的人，只要善用時間就能跟他們一樣。許多人都反駁這種說法，的確，每個人都一樣一天是 24 小時，但每個人能夠善用時間的程度卻有著天壤之別。

背景環境比什麼都重要，而社會性別角色和其他不利因素也會造成不同的影響。比方說，一名必須晚上工作以供應白天唸書的學生，很難跟家裡坐擁鑽石礦的富二代一樣「有效地」運用時間。若有錢、有資源，或有人幫你打點日常生活裡「不具生產力」的大小事，自然能夠以更有生產力的方式運用時間。但大多數的人都沒有這種福氣。

此外，認為應該善用 24 小時的想法在客觀上也是無稽之談。心理學一再強調，保持工作與生活間的平衡對身心健全的重要性，無時無刻壓榨時間以擠出最大的「生產力」，反而會適得其反。

「每個人的一天都是 24 小時」這種說法忽略了有些人無法百分之百把時間運用在提昇生產力上，他們別無選擇。

為何總在半夜做這做那，
就是不睡覺？

生活忙碌，我們無時無刻都找得到事情做。你可能是為了處理沒完沒了的待辦事項，才將睡眠時間延後，但也可能是你辛苦工作一天後，迫切想留一些時間給自己，或許是打電話聊天，又或許是追劇，總之就是不睡覺。後者是所謂的「報復性睡眠拖延」（revenge bedtime procrastination），意指人們因為生活忙碌且高壓，缺少自由的時間，所以會刻意晚睡。學術文獻中不常使用這個詞，但有研究探討較廣泛的睡眠拖延現象，其中指出此現象與自律不佳有關，而且會導致睡眠不足。

因此，我們或可考慮使用一些改善拖延症狀的技巧。文獻回顧顯示，可行的方法包括培養自我控管能力（例如訂定就寢時間和培養時間管理技巧），以及採用認知行為改變技巧（挑戰可能造成拖延情況的思考模式）。我們必須針對睡眠拖延症狀進一步調整這些方法，以便發揮最大效益，幫助失去珍貴睡眠時間的人。

睡不著時做什麼好？

倘若你躺在床上 15 到 20 分鐘還無法入眠，那不如起床做點別的事，而且最好是到另一個房間去。這招源自於刺激－控制理論，也就是我們在有某種刺激的情況下，學會以某種方式採取行動。我們想要把睡眠（而不是醒著）跟寢室環境搭配在一起，因此只有在你準備要就寢時，才回到寢室去。

有些人在打算睡覺時會熱衷於嘗試各種放鬆技巧。其中一種方式是用鼻子吸氣，從一數到四，感覺肚子裡充滿空氣，然後同樣從一數到四，用嘴巴吐氣。但若這樣做會感到暈眩，就要立刻停止。

專注在當下，不帶判斷的覺察法，同樣有助於減緩壓力，促進睡眠，有些人還樂於接受導引冥想術。運用心像也能有所助益，美國加州大學柏克萊分校心理學家艾利森‧哈維博士（Allison Harvey）的研究發現，參與研究的對象被要求細細回想起讓他們放鬆的情境，並且思索這對於各種感官知覺產生什麼影響時，他們比起沒有被要求這樣做的人更快入眠。有一種解釋是，回想這些放鬆情境可填滿「認知空間」，使其無法被充滿壓力或令人心煩的念頭占據，從而干擾睡眠。

氣候變遷讓人更睡不飽？

人在每晚入睡時，身體透過血管擴張，增加通往手腳的血流量來進行散熱。若此過程要順利進行，周遭環境溫度必須比人體溫度低，否則就會影響睡眠。如今，丹麥哥本哈根大學的研究團隊發現，由於氣候變遷，逐漸攀升的氣溫對人類的睡眠品質產生了重大影響。研究指出到了 2099 年，高溫會讓人類每年減少 50 至 58 小時的睡眠，相當於每週一小時。

研究過程中，團隊將加速度計睡眠追蹤手環記錄的資料，與先前睡眠和清醒程度自我分析報告的結果進行分析比對。資料樣本包含七百萬份個人紀錄，對象來自各大洲 68 個國家（南極洲除外）的 47,000 多名成人。

團隊發現，晚上環境溫度超過攝氏 30 度時，人們平均會減少 14 分鐘的睡眠，導致睡滿七小時的機會大幅下降。哥本哈根大學的凱爾頓・麥納（Kelton Minor）說，「在這項研究裡，我們首次提供大規模的證據，證明高於平均的氣溫會侵蝕人類睡眠，這主要是因為人類在炎熱天氣中較容易延遲入睡及提早甦醒。」研究人員也發現，這個情況在低收入國家、年長者及女性身上愈加嚴重。

打噴嚏會讓心臟停止跳動嗎？

哈啾！

打噴嚏是從肺經過口鼻，不由自主地把空氣迅速排出的動作。你在打噴嚏之前會先吸氣，讓胸腔的壓力增加，然後在打噴嚏吐氣時讓壓力降低。這會導致心律產生短暫的變化，而心臟會迅速地予以修正。因此雖然你可能會覺得心臟好像落了一拍，但是那塊值得信賴的肌肉可沒有停止跳動。

打噴嚏有助於排除像花粉跟灰塵等呼吸道的刺激物，你若憋氣或捏著鼻子，忍住不打噴嚏，甚至可能對你有害。有人做過電腦模擬，發現相較於一般打噴嚏的情況，忍住不打噴嚏會讓呼吸道內部壓力上升高達 24 倍，可能會造成損傷。相對輕微的像是耳膜破裂或是鼻血管爆裂，重則可能有生命危險，像是腦動脈瘤破裂，或是讓空氣困在橫膈膜裡，導致肺部坍塌等。

記住，打噴嚏好是好，但是要小心謹慎。打噴嚏可是會以時速 160 公里的速度，把飛沫跟細菌噴出來，所以一定要把口鼻罩住唷！

我有可能笑死嗎？

會的，人有可能笑死，不過可別讓這妨礙你享受最愛的肥皂劇。笑死的案例只有寥寥數起，通常是因為劇烈地大笑導致心臟病發作或窒息。

我們已知有人曾笑到昏倒，這可能會讓他們受傷。也有報告說一些猝睡症患者，因為大笑或其他強烈情緒，導致暫時性地失去知覺。有些非常罕見的致命腦部疾病，可能會導致無法控制的大笑。

FIND OUT MORE

苦瓜臉

英國倫敦大學皇家哈洛威學院的一項研究發現，比起表情比較歡樂的人，那些看起來總是生氣氣，感到厭惡，或是被惹毛的人，容易讓人以為他們比較沒錢。

被大型動物生吞的話
能活多久？

2014 年，探索（Discovery）頻道播出一部紀錄片，主持人穿著特製防護衣，想讓一條六公尺長的蟒蛇將他活吞入肚。在片中，蟒蛇的確展開攻擊，但還未將主持人吞入腹中就遭製片團隊阻止，因為牠在纏繞階段已幾乎將主持人的手臂壓斷。

蟒蛇在吞食獵物前，一定會將對方纏繞窒息至死，這是為了避免尚有氣息的鹿或獏在肚中狂踢猛踹。不過就算獵物已死，吞下大型動物也不無風險，有些蟒蛇甚至會因此而死亡。至於鱷魚等其他大型掠食動物，必然會將獵物咬碎才吞下，所以不存在活吞的可能性。

唯一真正可以將人「活吞下肚」的大型動物應該是抹香鯨，但就算我們先躲過抹香鯨口內的牙齒，最終仍逃不了粉身碎骨的命運。抹香鯨會用牙齒咬住大型獵物，但不會咀嚼。牠們有四個胃，磨碎食物的任務主要交由第一個胃處理，此處的胃壁厚實有力，可用於磨碎吞下的魚類或大王烏賊，然後才送往其他胃部進行消化。鯨魚的胃中沒有可供呼吸的空氣，所以頂多三分鐘就會窒息而死，只不過在窒息前，我們應該早已被胃壁壓扁了。

如果從飛機上掉下來，落地之前就會死嗎？

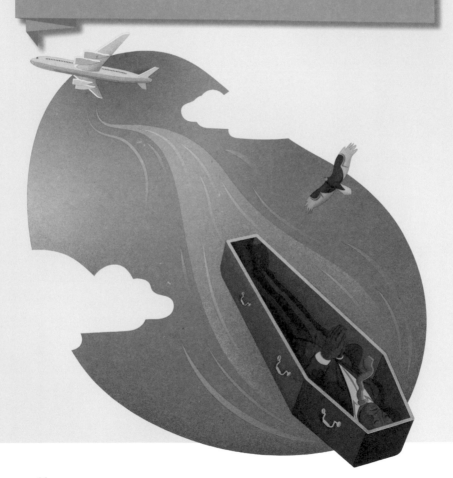

商用噴射客機在飛行高度 10,000 公尺時的艙內外壓力差可達每平方公尺五噸，也就是說艙門極難打開。乘客如果從飛機上掉下來，那麼飛機本身必定已爆炸或出現重大結構損壞，且極可能已死傷慘重。若有人僥倖存活，則會置身攝氏零下 48 度且氣壓不到海平面正常水準四分之一的高空。

根據美國聯邦航空總署的說法，人在高空中僅有 30 秒的「可用意識」。在此期間，人類尚能理性檢視周遭環境，但隨後就會陷入缺氧，思緒混沌、失去方向，並很快昏迷，只是還不至於窒息而死。

1960 年代的研究發現，黑猩猩可在近乎真空的環境中存活達三分半鐘，也不會出現任何長期副作用。況且我們此時正以每小時 200 公里的速度下墜，每分鐘都離地面更近 3,300 公尺，因此頂多只要忍受三分鐘的惡劣環境。而且越往下墜，大氣環境也會越見好轉。

回顧在高空中掉下飛機的眾多案例，僅有一人的命運不同。1972 年，南斯拉夫航空（Jat Airways）367 號班機遭恐怖份子置放炸彈，在 10,160 公尺的高空爆炸，空服員維斯娜·烏洛維奇（Vesna Vulovi）成為唯一倖存者。由於她困在受損的機身殘骸內，因此抵銷了部分撞擊力。

為何這麼多人相信陰謀論？

許多陰謀論帶有不符事實，或是基於根本上就有邏輯瑕疵的論點。而一項荷蘭阿姆斯特丹自由大學的研究指出，相信陰謀論的人會在其他人完全不會留意，迥然不同的事件之間，看到煞有其事的關聯性。研究還指出他們比較不具備批判性思考的技巧或相關教育，以幫助他們看出這些荒唐理論的顯眼漏洞。

相信陰謀論的人，同時也經常會有一種智識超群的膨脹感。研究指出，就人格特質而言，相信陰謀論的人「智識謙遜度」通常較低。無知加上自負，會為未經證實的信念提供成長的沃土。

陰謀論的信念也含有強大的情緒成分，這有助於解釋為何要予以挑戰那麼困難。研究顯示，相信一個廣受質疑的理論，並且感覺自己是同道中人的一份子，有助於滿足某些人想要覺得自己很特別的需求。研究亦指出相信陰謀論的人，也比較容易感到焦慮，覺得對事物欠缺掌控。透過認同一個其他人言之鑿鑿加以傳播的陰謀論，這些感覺就可以得到緩解。

為什麼喜歡和朋友聊國家大事？

我們跟好友暢談各種世界大事和相關解決方案時，內心在許多層面上皆會滿足無比。

首先，放眼過去幾年來的全球疫情和大小戰爭，我們很清楚這些事件令人異常焦慮。所以我們跟朋友大談可能的解決方案時，儘管只是紙上談兵，但某種程度上也是在給予及接受情緒支持，以及宣洩內心的負面感受。此外，如果雙方恰好認同一樣的解決方案，還可進一步加強彼此的友誼。某方面來說，我們正在享受「八卦」帶來的友誼升溫好處，只是聊天主題聚焦的是國際大事。畢竟，人往往喜歡跟價值觀類似的他人來往。

如果一番暢談下來，我們發現自己和朋友的世界觀相近，便容易獲得親密感和歸屬感，並因此心生滿足。不僅如此，大談自身政治觀點和信念且獲得友人肯定，也有助於強化自我感覺。心理學家稱此為自我概念清晰度，越清晰越有助於強化自尊。

假裝謙虛的人為何討人厭？

關於這項主題最完整可靠的研究，是 2018 年由美國北卡羅來納大學及哈佛商學院心理學家完成的論文。他們找出兩種故作謙虛的類型，其中最討人厭的是抱怨式故作謙虛。

抱怨式故作謙虛的人會說，「我都沒有時間做自己的事，因為我朋友老是想要找我。」稍微不那麼討人厭的則是假謙虛，他們會說，「我不懂為什麼一直有人要追求我。」比起那些會直接自我吹捧的人，這兩種故作謙虛的人比較不討喜，別人也不會覺得他們有什麼了不起，最大的原因在於，他們的抱怨和謙虛看起來實在太虛假了。

FIND OUT MORE

城市人

英國德比大學的研究發現，住在城市裡的人比較可能具有黑暗三性格：心理變態、自戀和權謀霸術主義（Machiavellianism）。

年紀越大越憤世嫉俗？

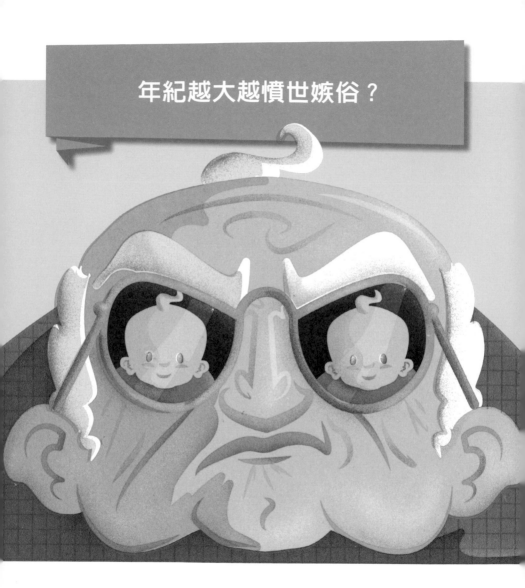

54

就個性而言，證據顯示，普遍來說，我們年紀越大，思想就越封閉。我們會變得不太願意接受不同觀點或嘗試新的體驗。然而，我們人格的另一面向也會在老年時趨於成熟，會變得比較不那麼神經質，變得更加親切。也就是說，老年人與年輕時相比，往往更冷靜、更溫暖、更友善，也更願意信任他人，這與「老頑固」的刻板印象幾乎相反。

其實，瑞士有項針對 80 歲以上老年人的研究指出，人隨著年紀漸長，也會趨於異常鎮定和淡漠，研究人員將這種特質稱為「老年從容」（senior coolness）。

丹麥裔美國精神分析學家愛利克・艾瑞克森（Erik Erikson）則提出了另一種觀點，他的社會發展八階段理論將人生最後一個階段（約 65 歲以上）視為自我完善與絕望之間的心理戰。他表示，如果老年人對自己的人生感到失望和遺憾，那麼絕望就會獲勝，因此加劇痛苦。相比之下，若老年人認知到自己已盡了全力、接納自己的人生，且認為生命有其意義，那他們就不會滿腹怨恨，也能安享自己的生命智慧。也許這就是瑞士研究員觀察到的「從容」吧！

為什麼我常常在公開場合冒出暴力念頭？

每個人都會無端冒出一些既不妥又危險的念頭，比如關於暴力或者性，也可能兩者兼具。很多人擔心會產生這種念頭就意味著自己有些問題，不過事實上剛好相反——它們其實表示你的大腦運作正常。

人類大腦不只是透過觀察、體驗，以及記住發生在我們身上的事情，才能夠學習關於這個世界的事，它們也會臆測、預期、模擬行動及其結果。大腦經常充斥著關乎我們決定與行動，像是「倘若……」的假設性情境思緒，好讓我們無論去做什麼事，都能夠擁有最佳的成功機會。這些思緒大多稀鬆平常、直截了當，沒什麼意義，很快就會被拋諸腦後。但若你的大腦試著要把每一種可能的選項都納入考量，那麼照理來說就會出現一些帶有暴力、性，或其他比較令人無法接受，因而令人不悅的特質。

不過這就只是大腦運作的方式而已，那是身而為人的一部分，但並不意味著我們就會照辦。我們認為這些念頭是大腦以潛意識檢驗界線在哪裡的方式，在產生暴力念頭時感到警覺或者苦惱，就是這個過程裡很重要的一部分。

為什麼有人沉迷
追求腎上腺素快感？

腎 上腺素是一種會對身體發送「就戰鬥位置！」的荷爾蒙，讓流入肌肉的血液增加，注意力變得敏銳，瞳孔也會擴大。

　　腎上腺素與愉悅荷爾蒙多巴胺有化學上的關聯性；危險情況也會導致身體產生腦內啡，這會抑制痛苦並且提升愉悅感。這些系統之所以會演化出來，可能是因為承受某種程度的風險具有生存價值（畢竟我們是敢去獵殺長毛象的人們後代嘛）。

　　有些人擁有能夠讓「腎上腺素快感」進一步提升的特定基因，世界衛生組織（WHO）在 2002 年的一項研究發現，沉迷追求腎上腺素的人，以及毒品成癮的人，都擁有這些基因。

為什麼罵髒話令人爽快？

你若有過踢到腳趾，髒話忍不住脫口而出的經驗，你就已經知道罵髒話似乎有助於應付疼痛感。心理學家其實有在實驗室的控制條件下測試過這點，當受測者的手突然浸到冰水裡的時候，若是不斷罵髒話，比起其他試著保持沉默，或是脫口而出的不是髒話的受測者，他們能夠撐得更久。

有個理論認為罵髒話之所以有效，是因為它觸發大腦以及身體的情緒反應。罵髒話會提高心跳速率，並增加出汗程度，這兩點都是身體切換到「戰或逃」求生模式的跡象，似乎符合理論所述。

還有相關研究發現指出，罵髒話甚至能夠增強力量，可能是因為這讓人比較容易出力。另一項研究的受測者，則是在受測期間罵髒話時，展現出更強的握力。

因此，罵髒話確實可提高我們的耐痛程度與力量。不過更近期的研究卻又發現，對於日常生活中很愛罵髒話的人其大罵髒話的耐痛好處，令人失望地大為減低。

我也許有精神病？

你若是那種好萊塢式的精神病（想想漢尼拔醫生），你竟然不知道自己起碼「與眾不同」，而且人也不怎麼善良，那就很奇怪了。畢竟這種精神病基本上都是表面上有人格魅力，實則是個有侵略性的虐待狂。

但是心理學家逐漸了解到，你即使不具有犯罪或暴力傾向，也可能會在一個或好幾個精神病人格特質上得到高分。這些特質包括自我中心衝動（自私程度）、冷酷無情（缺乏同理心）、以及無畏優勢（對於恐懼、壓力及焦慮較無感），人們多多少少都有一點。平均而言，男性的得分會比女性高，身兼管理職的人們一般來說得分也比較高（別告訴你的老闆），持有極右派或種族歧視觀點的人們也是如此。

然而，「無畏優勢」對於某些具挑戰性或高風險的工作種類極為有用，比方說外科醫師、特種部隊、運動菁英，或政治領袖等。你若想到要切開某人血肉，跳傘降落在敵陣後方，在成千上萬名觀眾面前比賽，或是做出會影響數百萬人的決定時無所畏懼，那你在這項特質上就很有可能拿到高分。你若對此毫無所感，可能就是心理學家所謂「成功的精神病」。

我的狗跟我長得有點像……？

有　研究要求受試者配對狗狗和牠們的飼主，結果發現毛小孩確實常常跟飼主頗為神似。有個原因或許是「越熟悉越加分」，換言之，我們愛自己的人類家人，因此也會受到相近特色的狗狗吸引。

　　不過此一現象也可能衍生於我們選擇人類伴侶的方式。人類選擇生理條件接近的伴侶，某方面上也是選擇了基因相合度。雖然我們和毛小孩純粹是柏拉圖式的關係，但可能也下意識地套用了相同的標準。

FIND OUT MORE

說謊的飼主

　　奧地利維也納大學研究發現，狗知道自己何時被騙。研究人員找來 260 隻狗，在牠們面前放兩個碗，裡頭有一個藏著點心，另一個則沒有。接著研究人員指向其中一個碗，當狗看見人類指向沒有點心的碗，有半數的狗會忽略人類的建議。

狗狗為什麼會歪頭？

有項研究顯示，當狗在處理一些有意義的資訊，或預期聽到重要的事情時，會出現歪頭行為。

匈牙利厄特沃許‧羅蘭大學的安德烈‧索梅斯博士（Andrea Sommese）與「家犬專案」（探討犬隻行為的研究中心）的團隊透過 40 隻狗，探討了歪頭行為。「我們讓飼主拿兩種玩具和狗一起玩，並告訴牠們玩具的名稱。經過三個月的密集訓練後，有 33 隻無法分辨玩具的差異。」索梅斯說明，「其他七隻則學會了幾十種玩具和物品的名稱。有一隻可以分辨 160 種。」

研究團隊注意到當飼主要求那些會分辨物品的狗去拿特定玩具時，幾乎每次都會歪頭。「我們認為是某些對狗而言有意義且重要的事物導致牠們歪頭，看起來像是狗在說『好，我現在全神貫注』。」

研究團隊起先以為歪頭和聽覺有關，例如我們會將頭轉向說話者以便聽得更清楚，不過他們很快就注意到無論飼主站在哪個方位，狗都傾向於只往同一側歪頭。

「不過這不表示一般的狗不會歪頭。」索梅斯解釋，「只是我們不知道哪些資訊對牠們而言是有意義的，以及原因為何。」

狗狗吃得出什麼是美食嗎？

問 問你的狗吧！
牠們應該只會超開心地衝著你搖尾巴。

　食物的風味是由嘴裡的味覺和鼻子的嗅覺組成，狗狗可以嘗到鹹、甜及苦味，雖然牠們的味蕾比我們還要少，但比我們多出 19 倍的大量嗅覺受器完全彌補了這點。

　不過，要是你的狗看起來只是在狼吞虎嚥，完全沒有品嘗食物，那你養的應該是拉布拉多犬吧。科學家發現有一種基因變異常見於拉布拉多犬，這種變異與肥胖和愛吃有所關聯。

FIND OUT MORE

照吃不誤

　日本京都大學的研究人員讓貓觀看飼主請別人幫忙打開罐頭的行為，其中有些人願意幫忙，有些人則不願意，之後研究人員再讓這些人拿食物給貓吃。狗通常不會吃不幫忙的人拿來的食物，貓則不管是誰拿食物來都會大口地吃。

狗狗知道自己放屁嗎？

超級！好！問題！

有些狗明顯對自己放屁有反應，不是露出驚訝模樣，就是默默離開現場。20 年前，英國沃爾珊寵物照護科學研究所的團隊設計了一套狗狗專用的背心，可以用於蒐集牠們的直腸氣體，並判斷出導致放屁臭味的主要成分就是硫化氫。

研究團隊接著發現犬類的嗅覺系統中存在著對硫化氫有反應的細胞，表示牠們在分子層次上，確實有聞到自己屁味的能力。

DO YOU KNOW？

恐龍會放屁嗎？

會！就跟狗狗、某些昆蟲，甚至馬陸一樣，恐龍毫無疑問會排氣。雷龍跟三角龍不但會放屁，而且會放很多，多到實際上會影響整個地球及其氣候。有項研究發現恐龍的「排放量」，是讓地球在中生代（2.5 億年前到 6,500 萬年前）保持溫暖潮溼的一項重要因素。

同樣的道理，放屁跟打嗝形塑了現代的氣候，牲畜的排放量占當今所有人為溫室氣體排放量的 10% 以上。

貓咪連假方格都照坐不誤？

貓咪都愛盒子。一般認為這源自於貓的動物本能：身為伏擊型掠食者，特別偏好可以躲起來觀察獵物，又令牠們有安全感的窄小空間。

荷蘭烏特勒支大學曾以收容所裡的新進貓咪為實驗對象，發現提供盒子讓貓可以躲藏時，恢復活力的速度以及對新環境的適應程度，都優於沒有盒子可躲的貓。

美國紐約市立大學的一項計畫則顯示，視錯覺（optical illusion）造成的假方格對貓也具有吸引力。研究團隊讓飼主在地板上設置多種不同的形狀，觀察貓是否會不由自主地坐進去。有些人只以膠帶簡單貼出一個方形，有些則利用視錯覺製作「卡尼札方形」，也就是將四個像電玩「小精靈」的圖案排列成中間似乎圍著一個方形的模樣。另外也設置了卡尼札對照圖形，將小精靈翻轉 180 度，如此一來就不會產生錯覺。

研究團隊表示，「在這項研究裡，貓在卡尼札方形中站立或坐下的頻率，高於卡尼札對照圖形，即貓會以看待真正方格的方式來看待視錯覺造成的假方格。」但團隊也說，由於研究的樣本數過低，因此無法輕易下結論。儘管如此，這項研究依然再次確認了貓可以感知到視錯覺造成的形狀輪廓。

馬兒的奧運旅程是什麼樣的？

所有參賽的馬兒，都應當要完成七天的進口前檢疫期。馬兒在這段期間用拭子跟血液樣本，接受包括馬流感在內的某些疾病檢驗。雖然目前沒有證據顯示馬兒會帶原並傳染新冠病毒（SARS-CoV-2），但牠們可能會散播馬冠狀病毒（又名ECoV），這是一種在 2000 年代初期首度發現，在馬兒之間具有高度傳染力的病毒。

馬兒實際上是怎麼運輸的？用飛機。不過別擔心，你在搭機時，並不需要側身擠過癱坐在走道上的馬兒。像是負責指導英國隊馬術員的英國馬術協會，就會用特殊包機運送這些馬兒，牠們有自個兒的商務艙可以搭乘，機上的馬槽都很寬敞，以提供最舒適的搭機體驗。除非馬兒對於搭機產生不良反應，否則一般來說並不會幫牠們施打鎮靜劑。馬兒通常似乎很享受牠們的機上時光，畢竟身邊到處都是食物（一種含水量很高的草料），又有職員與獸醫團隊在旅程中從頭到尾照顧牠們。

飛機降落之後，馬兒在奧運期間會個別待在奧運村裡，而且逗留的兩個月內都有專人負責照料。而在榮獲獎牌時，還會得到一條彩帶呢。

長頸鹿會比較容易被雷劈到嗎？

儘管離地有五公尺高，長頸鹿被雷
劈到的可能性卻非常低，主要
是因為打雷跟長頸鹿都很少見
的關係。

在 1996 到 2010 年間，只
有五起有詳實記載的長頸鹿
遭雷擊致死事件。這段期間裡
全球大約有 140,000 隻長頸鹿，相當
於每年每千隻長頸鹿僅有 0.003 起雷
擊致死案例。這樣的風險已經相當低
了，不過還是比美國的人類遭雷擊致死
率高出了 30 倍。

紅鶴為什麼要單腳站？

很 遺憾的，那不是因為牠們在做瑜伽。

這些披著桃紅色羽毛的鳥兒，每天用這種姿勢站立好幾個小時，是為了節省能量。這是怎麼做到的呢？牠們在單腳站立時，其實可以把韌帶跟肌腱鎖死在特定的位置上，肌肉就不用出一丁點力，也能讓自己停留在原地。

不過鴨、鵝、天鵝，以及其他許多物種，也都能夠把韌帶跟肌腱鎖死然後耍廢。然而由於紅鶴有著細細的長腿，許多人就只注意到牠們有這種行為。

FIND OUT MORE

單腳站的好處

人類雖然無法像紅鶴一樣單腳站立好幾個小時，但短暫的這樣做對你的健康也有好處。單腳站立需要有良好的平衡感，而良好的平衡感能顯示你有多健康，也讓你更不容易跌倒——無論在哪裡，意外死亡最常見的原因，第一名是車禍，再來就是跌倒。

即便你不能把韌帶跟肌腱鎖死在特定的位置上，但也可以透過瑜珈或太極來訓練平衡感。或在你刷牙或洗碗時，輕輕地抬起你的一隻腳。

烏鴉真的會使用工具嗎？

是真的。新喀里多尼亞鴉（new caledonian crow）就會使用多種工具。舉例來說，有種相當堅硬的植物叫做露兜樹（pandanus），具有鋸齒狀的邊緣。新喀里多尼亞鴉會剝下露兜樹的邊緣，把剝下來的部分修整成適當的大小，再把它插進木頭及腐木的縫隙中，藉此拉出蛆蟲，就像黑猩猩會取來樹枝加以修整，用來釣出蟻巢中的螞蟻。此外，新喀里多尼亞鴉還會折斷樹枝，把樹枝修整成滿足鉤子這類最基本定義的工具。

使用工具在動物界是很罕見的情況，大約只有1%的動物會這麼做。至於製造工具，也就是真的取來某個物體並加以修整，是更罕見的行為。除了烏鴉，近來還在一種鸚鵡以及幾種靈長類動物身上發現這一點。因此我們可以說，烏鴉相當聰明，甚至跟靈長類動物一樣聰明！

蜜蜂和魚可以交朋友嗎？

我們或許永遠不會知道，但牠們可以一起做出決策，只要中間有機器人協助就行。

這聽起來或許很怪，但在 2019 年，歐洲四所大學的工程師成功讓奧地利的蜜蜂與瑞士的斑馬魚，透過研究團隊派去滲入兩邊社會群體的機器蜂與機器魚（團隊稱之為「代理人」）進行溝通交流了。

這些機器中間人會使用所屬物種的語言：機器魚使用顏色與尾部動作溝通，而不會動的機器蜂（圖中的白色裝置）則會用振動與改變溫度來傳達訊息。兩個裝置會以數位資訊溝通，以協調這兩個相距 680 公里的物種所作出的動作。

半個小時內，兩群動物成功使群體的動作同步，甚至還表現出對方物種的部分特徵。蜜蜂減少了整群移動的頻率，而斑馬魚則比平常更常待在一起。

章魚和魷魚的差別是什麼？

章魚和魷魚（烏賊）是近親，都具有複雜的神經系統，精密地控制會變色的皮膚及其他身體機能。最近對洪堡魷魚（Humboldt quid）的研究指出，牠們有一種簡單的模式語言，就展現在牠們的身體上。對橢圓魷魚的另一項研究則顯示，魷魚像章魚一樣，也能使體色配合周圍環境，以躲避掠食者。

章魚大約有 300 種，魷魚也差不多，牠們在海洋中的棲地各有不同。大部分章魚都生活在靠近海床的地方，僅有少數例外，如毯子章魚（blanket octopus）和船蛸（argonaut）。牠們通常獨來獨往，有著完全的反社會個性——在水族館裡，牠們往往會把彼此吃掉。不過澳洲有兩處例外，分別稱為「章魚之城」（Octopolis）和「章魚海底城」（Octlantis），這些地方的章魚過著尷尬的群居生活。相比之下，魷魚通常能和平共處，成群結隊地在海裡優游。

章魚和魷魚的繁殖方式也不同。雌雄章魚會透過觸手交配，接著雌章魚會將卵產在海床上的安全地點，並照看這些卵直到孵化為止。魷魚則會成群交配，產下的卵會黏著在海藻、岩石及珊瑚上，讓牠們自立謀生。

毛 毛蟲經由一個含著湯湯水水的蛹，轉變成蝴蝶的過程，依然是動物王國最大的謎團之一。

毛毛蟲在蛻變過程中，身體部分會液化然後進行重組。不過人們本來不知道牠們的記憶是否能夠撐過液化的過程，直到科學家搭配輕微的電擊，訓練毛毛蟲避開乙酸乙酯的氣味（通常是用於去指甲油），發現幼蟲蛻變為成蛾之後，大多會繼續避開這股氣味，顯示成蛾跟蝴蝶確實會記得幼蟲時的某些經歷。

要記得對毛毛蟲好一點啊！

FIND OUT MORE

蝴蝶的炎夏

英國慈善機構蝴蝶保護組織（British charity Butterfly Conservation）的報告指出，在 2019 年夏季創下紀錄的高溫，有助於提高英國一半以上蝴蝶物種的數量。

動物的叫聲有腔調嗎？

溝 通方式比較複雜的動物，往往會模仿身邊其他個體來學習牠們所用語言的細微之處，像是蒼頭燕雀雄鳥會在幼時跟身旁的其他同類學習新歌或花俏唱腔。

然而，腔調要比全新的曲目或唱腔更加微妙些。鳴禽族群變化多端的曲目比較像是不同的方言，表達方式不同但訊息基本上都一樣，比如「單身雄雀，不吸菸，幽默風趣，尋求交配」。不同族群的鯨魚跟海豚，在歌聲中會使用不同的喀嚓聲，但目的是要表示所屬團體，而不是要吸引交配對象。這使得鯨魚的歌聲比較像國歌或足球戰歌，而不是腔調。若要符合腔調定義，我們必須找到一種聲音會產生明顯區域差異，但即使是先前未曾遭遇過的其他團體，聽聲音也能夠彼此理解的動物。

2006 年有報導指出，不同郡的乳牛會以不同腔調哞哞叫，但那其實是一家英國西南部乳酪製造商的公關噱頭。然而英國倫敦大學在 2012 年的研究倒是發現，年輕山羊在加入新的社會團體時，牠們咩咩叫的方式會加以調整，跟其他山羊咩咩叫的方式相符。不過這樣的研究發現其實極度罕見。

動物的時間感跟人類有什麼不一樣？

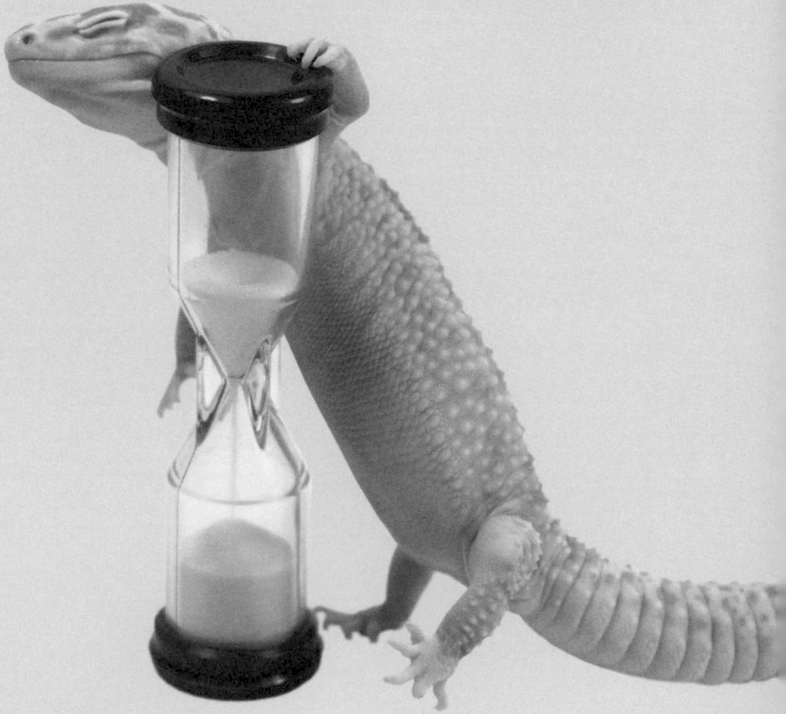

時間感知取決於大腦能夠多快處理傳入的資訊。科學家為了進行測量，給動物觀看一開始很慢，之後漸漸加速的脈衝光。在光加速到閃爍得極快，快到看起來就好像永遠亮著的時候，只要妥當地貼好大腦電極，就能夠顯示這個狀況到來的時刻。

研究指出體型較小、新陳代謝較快速的動物，比起體型較大、新陳代謝較緩慢的動物，能夠感測到頻率較高的閃光。而蠑螈與蜥蜴對於時間的感知，似乎比貓和狗來得更緩慢些。這也許有助於解釋為何蒼蠅具有閃躲被捲起來的報紙拍打的惱人能力，但也引發了一個重要的問題：為什麼會這樣？

就演化觀點來看，動物為了躲避掠食者，或是抓到快速移動的獵物，確實有必要反應迅速，並更細緻地感知時間。不過有些動物似乎能夠把自己體驗時間的速度調快或調慢，以適應其需求。比方說，有些劍魚在出發狩獵之前，會促使血液流向大腦，使其時間感知變緩，增加牠們每秒鐘能夠處理的幀數，有助於反應得更為迅速。另外，大鼠的相關研究也指出，刺激大腦中負責製造多巴胺的神經元，可加速其時間感知。

動物會運動嗎？

大多數的動物都是活蹦亂跳的，會飛、行走、游泳，以便覓食、逃離掠食者或找尋交配對象。但任何超過這些基準程度，自願進行的身體活動，都得算是運動。運動通常有激勵成分在內，比方說人類運動是為了鍛鍊耐力、袪病，有些人甚至樂在其中。

然而，要找到非人類動物的運動動機比較困難，這使得「動物會做運動嗎？」變成一個棘手的研究領域。我們很難知道動物的某個行為是出於自願，抑或是生存必須而造成。

狼崽會跟同窩的狼崽角力、追逐、彼此伏擊，使牠們養成較佳的狩獵與打鬥技巧。但能算是運動嗎？這可沒有定論。而大腦化學實驗指出，人類馴養的倉鼠會在跑滾輪中獲得愉悅感，所以即使牠跑死在滾輪上，起碼牠是爽死的。

然而有些動物甚至不需要運動，就能夠保持體適能。白頰黑雁（barnacle geese）在遷徙之前只要大吃大喝，就能養成較強壯的心臟，以及更大塊的飛行肌肉。有人認為是環境因素觸發這種轉變，所以要是有人碎念你是顆沙發馬鈴薯，你就說你正在跟體內的白頰黑雁溝通好了。

動物會幫同伴取名字嗎？

人們以前覺得取名是人類獨一無二的特質，不過如今的研究指出，其他社會性物種也會取名，並且對名字產生反應。綠腰鸚哥的父母親會於小鳥還在巢裡時，讓牠們學會給牠們的「標誌叫聲」或「名字」。

海豚不但會從母親那裡學到牠們自己特有的「標誌呼聲」，也會辨識並記得其他海豚的「名字」。這些名字都有含意，有項研究發現雄海豚對於一直都會提供幫助的同伴呼聲，反應會比對那些看心情提供幫助的海豚呼聲更為強烈。

FIND OUT MORE

鳥「名」啁啾

美國加州大學聖地牙哥分校的研究人員已能把鳥類的腦部神經活動轉換成歌聲，他們利用數學方程式來描述鳥類唱歌時聲帶發生的實際變化，接下來訓練演算法，讓方程式與神經活動完全吻合。研究人員表示，「這個裝置不只把大腦訊號轉換成聲音，而是讓使用者說出想得到的任何單字。」或許某天我們能藉此在鳥鳴中發現牠們自己的名字。

動物是一夫一妻制嗎？

生 物學家習慣把一夫一妻制切分為社會性與遺傳性兩種。前者是一對配偶生活在一起進行交配，共享資源並照顧後代，後者則是一對配偶只跟對方性交並進行繁衍。

許多人類文化都很重視一夫一妻制，然而這在哺乳類當中其實相當不尋常，只有 3 到 5 % 的哺乳類物種是社會性一夫一妻制，包括幾種蝙蝠、灰狼、某些靈長類、草原田鼠、歐亞河狸等。一夫一妻制在鳥類當中普遍得多，有大約 90 % 的物種展現出社會性一夫一妻制，在魚類、爬蟲類以及兩棲類則是相當罕見。但很重要的是，按照「社會性一夫一妻制」的定義，並不意味著這兩隻配對的動物會對彼此保持忠貞，事實上許多動物在沒人盯著的時候都會偷吃。

人們認為一夫一妻制之所以演化出來，是為了讓後代存活的機會最大化，有兩位父母親可以協助照顧、餵食，並保護後代。

動物為何要遷徙？

你可能聽說過某些史詩般的大遷徙，像是從極區遷徙到赤道的座頭鯨，或每年冬季抵達墨西哥的數十萬隻帝王蝴蝶。許多動物年復一年地，踏上漫長而危險的旅程，牠們為什麼如此不辭辛勞呢？

許多鳥類、哺乳類、魚類、爬蟲類、兩棲類、甲殼類和昆蟲都會遷徙，通常是為了覓食、尋找安全的繁殖地點或合適的氣候。舉例來說，歐洲的家燕每年冬天都會往南遷徙到氣候溫暖、食物更富足的亞洲或非洲。牠們每天飛行 320 公里，利用身體儲存的脂肪來避免於長途旅行中挨餓。而非洲塞倫蓋蒂的牛羚會跟隨滋養草地的季節性降雨移動，尋找食物。

但並非所有遷徙都是季節性的。大西洋鮭魚大多時間都在海洋中度過，直到繁殖期時，牠們才會跋涉數千公里，回到自己當初誕生的河流。這些鮭魚為了返回誕生的河流，可以移動長達 2,940 公里，全是為了保障後代的生命有個完美的起頭。

然而，會遷徙的動物往往更容易受到氣候變化、森林砍伐和棲地破碎化的影響，因為牠們的存亡及生命週期，都須仰賴跨越國家、甚至橫跨大陸的多個棲息地。

恐龍活那麼久，為什麼沒有
發展出覺知？

據我們所知，人類與其他動物的不同之處，在於人類是有覺知的。我們不僅有大大的腦袋和靈敏的智慧，更具有自我意識。人類以一種先進的方式感知周遭世界，能夠覺察自身的存在，也能覺察他人的存在。

人類僅僅存在幾十萬年，是地球歷史的新成員。那麼，為什麼恐龍沒有在超過 1.5 億年的演化過程中發展出覺知呢？首先，我們是先入為主地以為牠們沒有，因為恐龍沒有在化石紀錄中留下如書寫、語言，以及其他展現出意識思維過程的紀錄。但我們現在能以電腦斷層掃描化石頭骨，因此得知許多恐龍的大腦都非常大。

這些巨型腦袋最終是否原本有機會發展出覺知能力？也許有。如果白堊紀末期的小行星撞擊沒有擊倒鼎盛時期的恐龍，如果這次事件沒有為哺乳動物的祖先開路，答案也許是肯定的。

把發霉的地方切掉
就可以吃了嗎？

你可能以為自己很小心地繞著發霉的部分外緣吃，但是在食物表面底下，可能還藏有毒素。

黴菌是一種真菌，其中有些會產生叫做黴菌毒素的有毒物質，迄今已發現數百種，其中有大約十多種會造成嚴重的健康危害，包括顫抖、肌肉疲弱、發燒、嘔吐等。穀物、香料及堅果上長出的麴菌屬黴菌所產生的黃麴毒素是最毒的，會對 DNA 造成損傷，導致癌症，高劑量甚至會損及肝臟而致命。幸虧大多數的黴菌毒素，只有在長期攝取的情況下，才會形成健康風險。

黴菌會在水蜜桃這種溼潤的軟質食物裡頭繁衍，也會在麵包這種有孔食物裡頭迅速擴散，製造出一個人類肉眼看不見的菌根網路，因此把這些發霉食物丟掉比較好。

你最好只吃那些本來就該發霉的食物，比如藍起士。不過還是有些你可以安全地切掉發霉部位的例外情況，比方說硬質起士，硬質莎樂美腸，以及像是胡蘿蔔跟南瓜這種扎實的蔬果。硬質起士的含水量低，結構密實，因此黴菌不太會在表面底下太深的地方散播。你若膽子大到敢把起士發霉的部分切掉再吃，記得多切掉一些。倘若軟質起士開始長出不同種類的黴菌，那就該丟了。

如何去除咖啡豆中的咖啡因？

最早的方法是 1903 年由咖啡商路德維希・羅塞留斯
（Ludwig Roselius）開發出來的，他使用苯來溶解未烘
焙咖啡豆中的咖啡因。由於苯是致癌物質，因此後來以二氯甲
烷和乙酸乙酯等更安全的溶劑取代，這些溶劑會在烘焙之後蒸
發。另外，市面的大眾品牌也會使用高壓二氧化碳作為有機溶
劑的替代品。

第三種方式則是主要在美國和加拿大使用的瑞士水處理法
（Swiss Water Process）。這種方法用活性碳過濾器去除超濃咖
啡溶液裡的咖啡因，再使用這種溶液藉著擴散作用來去除未烘
焙咖啡豆中的咖啡因，而不會損及其奧妙的風味化合物。

FIND OUT MORE

咖啡保肝

英國南安普敦大學研究發現，不管你的
首選是低咖啡因拿鐵或黑美式，喝咖啡可
使你患肝臟疾病的機率降低兩成。

紙巾跟烘手機哪個比較衛生？

雖 然「紙巾 vs 烘手機衛生大對決」這樣的標題很吸引人，
不過科學家試著找出何者真正比較衛生，卻未能得到明
確的共識。你若去瞧瞧標題背後的研究，就經常會發現那些研
究是由紙巾或烘手機產業資助的。要互相比較這些研究也有困
難，因為烘手機的效率各異，紙巾的厚度也不一。

事實上呢，這也許沒啥了不起。更重要的是養成洗手習慣，
用肥皂跟水清洗 20 秒，然後有什麼能夠把手弄乾就用什麼。

IN NUMBERS

20 秒

美國佛羅里達大西洋大學所做研究發現，在公共廁所沖
水後，尿液與糞便粒子可懸浮在空中長達 20 秒。最好一
沖水就衝出來。

電動車比汽油車更環保？

乍看之下，電動車似乎能完美解決汽油車跟柴油車製造的空汙問題，不過電動車對於環境依然有不利影響。

就溫室氣體的排放來說，電動車有多環保，端看製作電動車，以及為其電池充電所用的能源有多環保而定。國際潔淨運輸委員會的一項近期研究指出，包括生產過程在內，電動車在使用期間造成的溫室氣體排放，比起汽油車來得少。然而兩者之間的差異，在某些地區遠比其他地區來得更大。

在歐洲，電動車每公里排放的二氧化碳，比汽油車少了69%，然而在印度卻只少了34%，這差異源自於各國發電來源不同。法國是全世界給電動車充電最為低碳的國家之一，只有9%的電力來自於燃燒化石燃料。然而許多國家的大部分電力仍然來自於燃煤、汽油跟天然氣，因此在中國或印度給電動車充電，可能會間接製造出大量的溫室氣體。

即使電動車的鋰離子電池其毒性遠比傳統的鉛酸汽車用電池來得低，但如果廢棄不當，仍然可能會對環境造成危害。鋰離子電池不比鉛酸電池，回收很麻煩，若拆解方式不正確還可能會爆炸，因此目前只有5%的鋰離子電池進行了回收。

首先看看你家的牆面吧！你可能會因為人們說藍色跟冷靜與放鬆有關，甚至具有紓壓效果，就想要把臥室漆成藍色。或者，也應該要留至少一面牆漆成藍色，因為研究也發現藍色可促進創造力。

至於傢俱方面，你就是該選擇曲線美學，避免直線跟銳利邊緣的傢俱。人們似乎會覺得曲線形狀更為美麗且令人放鬆，而這其實也可延伸到房間跟建築物的形狀。曲線結構會觸發更多大腦與愉悅相關的部位活動，因此若你有任何選擇空間，在居家規劃裡增添幾許彎曲感是個值得考慮的選項。

再來，許多人都希望家裡更大更寬敞。大片窗戶有助於製造空間感，把房間規劃成長方形感覺也比正方形更開闊（可以利用傢俱製造出類似效果）。而說到窗戶，你應該盡可能在房間裡導入綠色視野，這樣做有益健康。但你若無法擁有綠油油的窗外景觀，那就把綠意帶進家裡吧。雖然居家植栽的空氣清淨效果頂多也只能稱得上還行，不過有相當可觀的證據指出，居家植栽能夠對心理產生益處，其中也包括重新裝潢家裡所產生的一切壓力在內！

博物館為何要禁用閃光燈拍照？

博 物館通常會聲明，他們擔心相機的閃光燈會對畫作的顏料造成損害。

有些顏料確實對光線很敏感，這會加速使其裂解的化學反應，因此博物館與畫廊裡的照明都經過謹慎控管，以把損害程度降到最低。不過現代的手機照相鏡頭，不太可能會對畫作造成額外損傷，也沒有直接證據顯示如此。

就博物館方的角度來看，訪客停下來拍照會妨礙人流，也會減低他們到禮品店購買明信片與印製畫作的需求。有些專家認為，只要每天在開館前把燈光關掉幾分鐘，就足以抵銷相機閃光所造成的損傷。

FIND OUT MORE

阻止畫作「消」聲匿跡

歐洲同步幅射裝置找出了挪威畫家孟克 1910 年版《吶喊》漸漸褪色的原因：就算溼度相對低，不純的鎘黃顏料在這情況下也會褪去。奧斯陸孟克美術館知道該如何搶救這幅鉅作了。

藍光是不是會害人睡不好？

這 要看情況。你白天暴露在來自太陽的藍光，遠比任何人造裝置的藍光來得多。明亮的陽光有助於維持健康的晝夜節律，調節睡眠與警覺性，以及食慾與消化作用，見到較多清晨陽光的上班族也比較不會感到憂鬱或壓力。

我們已知沒有暴露於足夠的白晝陽光會讓睡眠品質變差，而在晚上照太多藍光也會產生同樣的效果。這是因為人類的晝夜節律，是從沒有電力的時代演化而來，因此是藉著雙眼接收到的光線來調節。負責夜視能力的視桿細胞，以及感知明亮光線與顏色的視錐細胞，靠著這些視覺光受器可以調節到某個程度；但是直到 21 世紀，才發現人類還有對光敏感的視網膜神經節細胞，其作用是充當設定晝夜節律反應的測光儀，這些細胞對於藍光特別敏感。

以色列海法大學在 2017 年的研究發現，晚上暴露於藍光下，平均會讓睡眠減少 16 分鐘，也會減少褪黑激素，它是一種會影響晝夜節律的荷爾蒙。所以最好在晚上把燈設定在夜間模式，或把亮度調暗。即使沒有藍光那麼明顯，其他可見光譜的頻率也可能觸發晝夜節律系統（光線越亮，效果越大）。

智慧型手機怎麼讀取指紋？

手機使用三種不同技術來讀取你的指紋：光學、電容式、超音波。

光學式指紋讀取裝置是其中最舊的一種，它使用特殊的微型攝影機來拍攝你的手指，並使用 LED 或是手機螢幕進行背光。很不幸，這種感應器很好騙，用一張清楚的相片就能唬弄它，所以這樣的感應器會搭配電容式感應器，利用第二種技術，檢查是否有真的手指感應。

電容式指紋感應器使用微型電容器組成的網格，其中儲存的電能只有在接觸指紋的突起處時才會釋放。因此，上千個電容器的組合就能夠感應指紋的型態，有時候這些感應器也能支援滑動或是壓力感應。

第三種指紋感應技術同時也是最先進的一種，使用的是超音波。它的原理很像醫學上會使用的超音波儀。超音波脈衝會傳送到你的手指，接著測量反彈的脈衝。蝙蝠、鯨魚與海豚使用超音波了解周遭環境的形態，而智慧型手機上的感應器使用這種技術來了解指紋突起的三維形狀，甚至還能夠透過手機螢幕運作。

深偽技術可以解鎖 iPhone 嗎？

深 偽技術確實可以複製出一張臉來，然而你無法拿一張照片解鎖現代的 iPhone，因為 iPhone 除了用攝影機看著你以外，也使用了深度感測器。iPhone 使用紅外線點投影機，以不可見光點覆蓋你的臉，然後用紅外線攝影機算出 3D 形狀。這就推翻了在電影《紅色通緝令》（Red Notice）中，用 iPad 模擬臉孔解開門鎖的情節，要不就是億萬富翁的保管庫其安全性比他的 iPhone 還要差勁！

前面的做法是行不通的，你需要的是類似在《不可能的任務》（Mission Impossible）裡頭看到的科幻技術，用 3D 列印製成具有正確形狀與外貌的面具。

DO YOU KNOW ?

智慧型手錶如何量測健康數據？

裡頭裝滿了感應器。加速儀可量測你的移動方向，能分辨你在走路或跑步；GPS 顯示你走了多遠，並計算步幅；高度計可判斷你是在往上攀爬或往下。心臟每次打出血液時，都會讓血管收縮和舒張。智慧型手錶上頭的綠色 LED 燈把光線照在皮膚上，然後透過光體積變化描記圖法（photoplethysmography）來量測手腕裡紅血球細胞的變化量所造成的光反射變化。

無線充電是怎麼運作的？

電子是聰明的次原子粒子。把它們沿著電線推動，就會產生電力；把電線繞成圈，就會產生磁場，讓電動馬達產生動力。

把線圈放在另一個線圈附近，用一個共享的鐵芯導向磁力，第二個線圈就會被誘導而產生電力，這就是變壓器如何改變電壓的方式。讓電子脈衝穿越線圈，就可以把另一個線圈放得稍微遠一點，讓你得以把電子發射器放在充電座上，接收天線則裝在手機裡。把手機放在充電範圍內，來自充電座的電磁脈衝就能夠誘導手機的內部線圈產生電力。

DO YOU KNOW？

幻想震動症候群是什麼？

你是否曾感覺口袋裡的手機在震，結果一看卻什麼訊息都沒有？這很可能是幻想震動症候群（phantom vibration syndrome）的症狀。但你不孤單，研究顯示有九成大學生自稱過去一週或一個月中經歷過這種現象。發生這種幻觸（tactile hallucination）現象的理論之一是現代人過度使用智慧型手機，再加上越來越多人有每分每秒都會被他人聯絡的感覺，導致大腦遭到制約，容易過度詮釋衣服摩擦皮膚等外在感知。不過，大多數人並不認為幻觸現象很惱人。

讓小孩用電腦真的不好嗎？

跟 許多事物一樣，量多就有毒。美國耶魯大學醫學院兒童發展專家桃樂絲‧辛格教授（Dorothy Singer）與傑隆‧辛格教授（JeromeSinger）的研究指出，讓小孩觀看教育影片，並且在觀看後一起討論，對他們的詞彙有很大的助益。

我們也不需要對於讓他們打電玩過度擔心。2019 年一項對 180 名青少年所做研究發現，那些跟朋友一起玩合作性線上遊戲的小孩，在遊戲時段過後，可以培養出更強固、更健康的友誼。不過競爭性遊戲就似乎會損及友誼，至少是暫時性的。

有一種用電腦的方式倒是有害，那就是我們自己用電腦的方式。一項 2012 年的國際研究強烈地指出，做父母的人花越多時間用電腦，跟小孩互動的時間就越少，這會使他們的社交、認知，以及語言發展變得遲緩。晚餐時間不要用任何 3C 裝置，並且不要透過螢幕跟孩子互動，這樣做絕對值得。

風力渦輪的葉片
打到了多少鳥兒？

隨著風力發電越來越普及，鳥兒撞上運轉中的渦輪葉片而死亡的報告，也變得越來越常見。鑽研這個現象的研究報告寥寥可數，不過據估計，英國每年有 10,000 到 100,000 隻鳥兒，被渦輪葉片打到而死。這數字聽起來很多，不過值得一提的是，英國每年被家貓抓死的鳥兒，大約有 5,500 萬隻。

儘管如此，研究指出還是有些辦法，能夠讓風力渦輪對於野生動物來說更為安全些。比方說，挪威的一項小規模研究就發現，把其中一個葉片塗成黑色，可以把鳥兒的死亡數降低70%。

FIND OUT MORE

蛾正面臨天災人禍

英國蝴蝶保育組織的一項調查發現，近 50 年來，英國蛾類減少了三分之一。這個組織認為原因是人造光源、汙染和氣候變遷，以及棲地減少。

人體體溫會讓氣溫升高嗎？

人類通常會輻射出大約 100 瓦的熱能，這相當於一枚白熾燈泡。在密閉空間裡，人體的體熱會提高周遭環境溫度，不過就全球尺度而言，這個效應微乎其微，跟地球從太陽接收到的熱能相較之下尤其如此。

一般來說，全球暖化並不是由地球上的熱源造成的，而是因大氣中的溫室氣體防止熱能（大多來自於太陽）散逸到太空所致。因此身為人類的我們燃燒化石燃料，製造溫室氣體，對於氣候造成的衝擊，遠遠高於我們自身所散發的體熱。

FIND OUT MORE

潛水探索點將增加

由應對氣候緊急狀況的國際組織「快速轉換聯盟」（Rapid Transition Alliance）委託的研究發現，2050 年由於氣候變遷的緣故，92 個職業英格蘭足球聯賽俱樂部中將有超過 20 個面臨體育館淹水的情況，且深度足夠潛水。

EARTH 022

為什麼？
BBC 專家為你解答生活中的科學

作者	《BBC知識》國際中文版
譯者	高英哲、吳侑達、黃妤萱等
責任編輯	洪文樺

總編輯	辜雅穗
總經理	黃淑貞
發行人	何飛鵬
法律顧問	台英國際商務法律事務所　羅明通律師

出版	紅樹林出版 臺北市中山區民生東路二段141號7樓 電話：(02) 2500-7008　傳真：(02) 2500-2648
發行	英屬蓋曼群島商家庭傳媒股份有限公司城邦分公司 聯絡地址：台北市中山區民生東路二段141號2樓 書虫客服專線：(02) 25007718、(02) 25007719 24小時傳真專線：(02) 25001990、(02) 25001991 服務時間：週一至週五09:30-12:00、13:30-17:00 郵撥帳號：19863813　戶名：書虫股份有限公司 讀者服務信箱email：service@readingclub.com.tw 城邦讀書花園：www.cite.com.tw
香港發行所	城邦（香港）出版集團有限公司 地址：香港灣仔駱克道193號東超商業中心1樓 email：hkcite@biznetvigator.com 電話：(852) 25086231　傳真：(852) 25789337
馬新發行所	城邦（馬新）出版集團 Cité(M)Sdn. Bhd. 41, Jalan Radin Anum, Bandar Baru Sri Petaling, 57000 Kuala Lumpur, Malaysia. 電話：(603) 90563833　傳真：(603) 90576622 email：services@cite.my

封面設計	葉若蒂
內頁排版	葉若蒂
印刷	卡樂彩色製版印刷有限公司
經銷商	聯合發行股份有限公司 客服專線：(02)29178022　傳真：(02) 29158614

2022年（民111）12月初版
Printed in Taiwan
定價390元
著作權所有・翻印必究
ISBN 978-626-96059-6-5

BBC Worldwide UK Publishing

Director of Editorial Governance	Nicholas Brett
Publishing Director	Chris Kerwin
Publishing Coordinator	Eva Abramik

UK.Publishing@bbc.com
www.bbcworldwide.com/uk--anz/ukpublishing.aspx

Immediate Media Co Ltd

Chairman	Stephen Alexander
Deputy Chairman	Peter Phippen
CEO	Tom Bureau
Director of International Licensing and Syndication	Tim Hudson
International Partners Manager	Anna Brown

UK TEAM

Editor	Paul McGuiness
Art Editor	Sheu-Kuie Ho
Picture Editor	Sarah Kennett
Publishing Director	Andrew Davies
Managing Director	Andy Marshall

BBC Knowledge magazine is published by Cite Publishing Ltd., under licence from BBC Worldwide Limited, 101 Wood Lane, London W12 7FA.
The Knowledge logo and the BBC Blocks are the trade marks of the British Broadcasting Corporation. Used under licence. (C) Immediate Media Company Limited. All rights reserved. Reproduction in whole or in part prohibited without permission.

國家圖書館出版品預行編目 (CIP) 資料

為什麼？: BBC 專家為你解答生活中的科學/《BBC
知識》國際中文版作；高英哲, 吳侑達, 黃妤萱等譯.
-- 初版. -- 臺北市：紅樹林出版：英屬蓋曼群島商家
庭傳媒股份有限公司城邦分公司發行, 民111.12
　面；　公分. -- (Earth ; 22)
譯自：BBC knowledge.
ISBN 978-626-96059-6-5(平裝)
1.CST: 科學 2.CST: 問題集
302.2　　　　　　　　　　　　　111020675